AF901548

DELIUS KLASING

APPEL/GEIGER

LUXUS-SCHROTT AUS HOLLYWOOD

GECRASHTE TRAUMAUTOS DER 50ER- UND 60ER-JAHRE

DELIUS KLASING VERLAG

PORSCHE
STUTTGART

„AUDO PATTS [AUTO PARTS], THIS RUDI SPEAKING!“

Rudi Klein, wenn man das Glück hatte, ihn ans Telefon zu bekommen

ALTE LIEBE ROSTET NICHT.

Volksmund

INHALT

VORWORT

Emigrant, Schlachter, Schrotter, Sammler: Das war Rudi Klein.

IM ZARTEN ALTER VON 18 JAHREN

wandert Rudi Klein aus. Vom hessischen Rüsselsheim zieht es ihn zunächst nach Kanada, dann in die Vereinigten Staaten von Amerika. Es hätte eine ganz gewöhnliche Geschichte werden können, von einem, der nach dem Krieg den Ruinen den Rücken kehrt und sein Glück sucht im Land der unbegrenzten Möglichkeiten. Und scheitert. Oder reüssiert. Rudi Klein aber schafft ein Unikum.

Er lässt sich in einem recht unfreundlichen Viertel von Los Angeles nieder und kauft Unfallautos deutscher Marken auf, vor allem Porsche und Mercedes-Benz. Die Karossen schlachtet er aus, mit den Teilen bestreitet er seinen Lebensunterhalt. Bald schon wird seine Firma „Porche Foreign Auto" unter Kennern als der Geheimtipp gehandelt und nicht nur wegen des Schreibfehlers im Namen Porsche in der Szene berühmt. Rudi Klein hat immer ein passendes Ersatzteil auf Lager. Aber er lässt niemanden auf den Hof, wirft ungebetene Gäste hinaus, von ganz wenigen Ausnahmen abgesehen. So wabern immer mehr Gerüchte um den Schrottplatz und seinen schrulligen Eigentümer, beide werden zum Mythos. Es soll sagenhafte automobile Schätze dort geben.

2001 STIRBT KLEIN,

seine Frau und die beiden Söhne schließen die meterhohen Tore ab. Zwanzig Jahre lang betritt kein Außenstehender das Gelände, zwanzig Jahre lang brüten diverse Mercedes 300 SL, unzählige Porsche 356, hunderte Motoren und einige ungeahnte Pretiosen in Regalen oder einfach verstreut auf dem Boden unter der Sonne Kaliforniens. Dann entscheidet sich die Familie zum Verkauf. In der Auktion im Oktober 2024 werden nicht für möglich gehaltene 28,8 Millionen Dollar erzielt.

HOLGER APPEL UND THOMAS GEIGER,

die Autoren dieses Buches, haben kurz zuvor eine Idee: Wir rufen dort an und fahren hin. Es geschieht das Unglaubliche. Sie werden von Rudi Kleins Sohn empfangen und auf das Gelände geführt. Mehrere Stunden dürfen sie über den Schrottplatz streunen. Und kommen aus dem Staunen nicht mehr heraus. Danach schließt Rudi Kleins Sohn die Tore wieder und lässt außer den Mitarbeitern des Auktionshauses RM Sotheby's niemanden mehr hinein, bis zum Tag der Versteigerung. Dieses Buch nimmt den Leser mit in eine sagenumwobene kleine Welt, auf einen „Schrottplatz der Goldtimer", den es so kein zweites Mal gab und nie wieder geben wird.

SO EIN SCH

ROTT!

Gute Geschichten, weiß ein altes Sprichwort unter Journalisten, liegen auf der Straße. In diesem Fall stehen sie auf dem Schrottplatz. In Los Angeles, hinter Mauern und Gittern, über Jahrzehnte eine verwunschene Welt, von der nichts als Mythen nach draußen drangen. Rudi Klein hatte kein Interesse, seine Schatzkammer für irgendjemanden außerhalb seines engsten Kreises zu öffnen, und zwar gar keines.

Schroffe Gegend, schroffer Typ, aber die heißeste Adresse, wenn es um automobile Pretiosen aus den 40er- und 50er-Jahren geht. Das ist Porche Foreign Auto, der Schreibfehler im Namen des Stuttgarter Sportwagenherstellers ist Legende. Vom „Auto Haus Klein" kündet ein zierliches Blechschild neben der vergitterten, von einer vielleicht einen Meter breiten Markise geschützten Tür in der South Alameda Street, Hausnummer 8935. Nichts deutet darauf hin, welch außergewöhnliche Sammlung sich dahinter verbirgt, wahrscheinlich die außergewöhnlichste Autosammlung auf der Welt. Sie besteht im Wesentlichen aus Schrott. Aus Luxus-Schrott.

Wer ein Ersatzteil für seinen Porsche 356 brauchte, der ging zu Rudi Klein. Wer etwas für seinen Mercedes-Benz SL benötigte, der ging zu Rudi Klein. Das Geschäft lief über Telefon und mit der Post, an Internet war noch nicht zu denken. Oder über einen zwischen bescheiden und schäbig changierenden Tresen zur Straße hin. Das Geschäft machte Rudi Klein zum Millionär.

Rudi Klein hatte immer etwas auf Lager, rund 7.000 Unfallwagen sollen sich über die Jahrzehnte auf seinem rund 16.000 Quadratmeter großen Hof gestapelt haben. Genaues weiß niemand, denn Rudi Klein ließ grundsätzlich niemanden herein. Wer das Privileg genoss, einen kurzen Blick auf das Gelände werfen zu dürfen – es war vielleicht eine Handvoll –, erzählte hernach von Augen, denen er nicht traute. Der Fotograf Dieter Rebmann war einer davon, im Jahr 2000 ließ ihn Klein sagenhafte zwei Tage lang auf das Gelände. „Rechne damit, dass er dich rausschmeißt", war er gewarnt worden. Die beiden fanden einen Draht zueinander, entstanden ist ein schöner Bildband, der zwischenzeitlich in Vergessenheit geraten ist. Wer konnte ahnen, dass die Geschichte nochmal eine solche Wendung nehmen würde?

Kurz nach der Jahrtausendwende stirbt Rudi Klein, im Oktober 2001. Seine Frau schließt die Stahltore ab und nie wieder auf. Seine nicht minder öffentlichkeitsscheuen Söhne setzen keinen Fuß mehr auf das Gelände. So stehen sie denn dort, über den Boden verstreut, gestapelt in Regalen, zumeist ungeschützt unter der glühenden Sonne Kaliforniens, die Porsche, Mercedes, Audi, Horch, Lamborghini. Millionenwerte, unangetastet, für zwei Jahrzehnte.

GESCHICHTE GEFÄLLIG?

An einem Sonntag im August 2024 schickt ein Leser an einen der Autoren dieses Buches eine Mail. „Heute zum Sonntag habe ich einmal eine Geschichte für Sie, da ich ja sonst immer Ihre Artikel lesen darf", schreibt er, und weiter: „Ich bin zufällig darauf gestoßen, dass die Autos vom Schrottplatz von Rudi Klein in Los Angeles in wenigen Wochen bei Sotheby's versteigert werden. Der Rudi Klein war übrigens Hesse, kam aus Rüsselsheim. Als ich 1998 in Kalifornien lebte, durfte ich den Junk Yard in der South Alameda Street im Osten von L.A. besuchen. Florence, eine mit Gangs verseuchte Gegend, No Go Area. Der Schrottplatz, der ursprünglich zwei Teile hatte, war und ist abgeriegelt wie eine Burg. Stahltor, hohe Mauern, Stacheldraht, auch wegen der Sicherheit und dem Schutz vor Überfällen."

„Mei Nachbarn habbe se vor vierzeh Taache erschosse!“, habe Rudi Klein ihm erzählt, in breitem hessischen Dialekt. „Er war ein komischer Kauz, aber zu mir war er nett. Weil ich auch Hesse bin und mit ihm hessisch gebabbelt habe, eine anständige Ausbildung im Handwerk gemacht habe, da war das Eis schnell gebrochen. Ich bin zwei Stunden auf dem Gelände herumgelaufen und habe einige Bilder gemacht, was eigentlich nicht erlaubt war.“ Der Mann selbst ist Tüftler und Enthusiast, wie sie in Kleins Kundschaft wohl öfter vorkamen. Während seines Kurzbesuchs hat er sich aus einem Porsche 924 ein Zündsteuergerät ausgebaut, das in seinen 1976er Audi 100 LS fuel injection passte. 100 Dollar kostete ihn das gute Stück.
„Einfach vorbei fahren und klingeln war nicht“, schreibt er. Anrufen ging. Meistens. „Audo Patts (Auto Parts mit hessischem Akzent), this Rudi speaking“, war dann am Telefon zu hören und der Hinweis: „No Spanish, just English or German“. War er leicht genervt von den vielen Anfragen, rief er nur noch „Audooo“ in den Hörer. „Ich hatte Glück, dass ich über Audi den Kontakt bekam und so ein Termin zum Besuch möglich wurde. Zum damaligen Zeitpunkt wurde der Horch 855 Special Roadster als Leihgabe für 20 Jahre im Audi Museum gezeigt. Vor einigen Jahren ging der Horch zurück nach Los Angeles und ist nun Teil der Auktion. Was der wohl bringen mag?“

„Vielleicht inspiriert Sie diese Geschichte für einen Bericht“, steht in der Mail. Und wie.

Highnoon in Hollywood

Die Verfasser dieses Buches sind zufällig drei Tage später in Los Angeles, beruflich in einer anderen Angelegenheit. Sie sind sich sofort einig, der Schrottplatz ist das Ziel. Benötigt werden vor Ort Spontanität, ein Auto, bisschen Mut und jemand, der das Tor aufschließt. Letzteres scheint unmöglich. Ein Anruf beim Auktionshaus Sotheby's aber trifft auf offene Ohren. Bald steht der Kontakt zu einem der beteiligten Auktionatoren. Der wiederum stellt die Verbindung zu einem von Rudi Kleins Söhnen her, der arg überraschend zusagt. Ein Termin wird vereinbart, wir wollen einander am Schrottplatz treffen. So stehen die in Dingen des Automobils hartgesottenen Journalisten bei 38 Grad um zwölf Uhr mittags – Highnoon in Hollywood – vor einer abweisenden Wand aus Stahlblech in einer leicht angespannt wirkenden Gegend unweit des Flughafens, in der man als Auswärtiger, sagen wir mal, womöglich unerwünscht ist, und staunen. Drum herum Autoteilehändler minderen Auftritts und ein Holzpalettenhandel, trostlos. Ist das der Anfang eines Actionfilms oder unser Ende?

Doch selbst wenn es bis zuletzt keiner der Autoren glauben will, fährt plötzlich aus dem Nirgendwo der Sohn in Jeans und T-Shirt auf einem Golfcart vor, betagt und verstaubt (das Golfcart), aufgesteckt sind Besen und Harke. Der vermeintliche Hausmeister grüßt freundlich, begleitet uns in eine Seitenstraße, öffnet eines der Tore. Er kümmert sich, wie er erzählt, um ein paar Liegenschaften, die sein Vater erworben hat. Seine Freundin ist auch dabei, sie redet wenig. Der Sohn, dessen Namen wir kennen, aber nicht nennen, erzählt eine halbe Stunde lang von seinem Vater, seiner Mutter, seiner Kindheit, seinem Bruder. Rudi Klein stammt aus Rüsselsheim. Weshalb sein Sohn Opel kennt, auch Mainz, Deutsch versteht er ein wenig, spricht es aber nicht. Wir möchten ein Foto von ihm machen. Er möchte nicht. Wir wollen seine Geschichte in die Zeitung bringen. Er möchte nicht. Wir sagen ihm, unsere Zeitung sei die *Frankfurter Allgemeine*, die erreiche eine Million Leser. Und unsere Abnehmer seien Nachrichtenagenturen und Magazine, die erreichten nochmals Millionen. Der Schuss geht nach hinten los. „Dann", sagt der Sohn mit leichtem Entsetzen in seinem Gesichtsausdruck, „werden also noch mehr Journalisten hierher kommen wollen und ich erhalte haufenweise Anrufe von neugierigen Leuten. Bloß nicht."

Wir haben kurz Sorge, dass er uns direkt wieder hinauswirft. Aber er bleibt ganz freundlich und äußert eine Bitte, die wir nicht abschlagen können. Auch nicht abschlagen wollen, die Situation fühlt sich nach einer an, in der ein Handschlag mehr zählt als irgendein Vertrag. Er wolle bitte nichts von sich in die Öffentlichkeit getragen haben. Woran wir uns natürlich auch in diesem Buch halten. In zwei oder drei Stunden hole er uns wieder ab, meint er, wir sollten einfach kurz anrufen, ansonsten könnten wir uns frei bewegen, viel Spaß. Spricht es und verschwindet durch das Tor, das er hinter sich schließt. Wir sind im Gefängnis, dem spannendsten Gefängnis der Welt, und kommen aus dem Staunen nicht mehr heraus. So oder so ähnlich müssen sich die Jäger im afrikanischen Busch gefühlt haben, wenn sie auf einen der ominösen Elefantenfriedhöfe gestoßen sind. Nur, dass sich hier nicht irgendwelche Dickhäuter zum Sterben versammelt haben, sondern automobile Hochkaräter.

EIN GLÜCKSRITTER MIT KNOCHENSÄGE UND SCHWEISSBRENNER

Begonnen hat die Geschichte im ausgebombten Nachkriegsdeutschland, in dem Rudi Klein nach dem frühen Tod seiner Eltern keine Chance für sich gesehen hat. Stattdessen schnürt er mit 18 Jahren sein Bündel und wandert aus, zunächst nach Kanada, weil das einfacher ging als direkt in die Vereinigten Staaten zu ziehen. Er verdingt sich als Metzger, kommt schließlich nach Los Angeles und hat die Idee, mit dem Ausschlachten alter Autos lasse sich womöglich mehr Geld verdienen als mit dem Ausbeinen von Rindern und Schweinen. Also legt er die Knochensäge weg und greift stattdessen zu Schweißbrenner und Schraubenschlüssel. Um 1966 muss es gewesen sein, als er mit seinem Geschäft startet. Unfallfahrzeuge teurer Pretiosen sind damals nichts wert, niemand will sie haben. So kauft er eines nach dem anderen auf, schlachtet die Wracks aus und verkauft die Teile. Denn irgendjemand in den Hinterhöfen Hollywoods braucht immer etwas für die Traumwagen der Traumfabrik.

DIE MOTOREN DER TRAUMFABRIK KOMMEN AUS STUTTGART

Wenn man verstehen will, wie dieses Geschäftsmodell funktionieren konnte, muss man Los Angeles verstehen, jenen Moloch am Pazifik, der größer ist als mancher europäischer Kleinstaat und kein anderes Fortbewegungsmittel kennt als das Auto. Selbst wenn sich das bisweilen stundenlang auf sechs, acht und manchmal zehn Interstate-Spuren durch die Stadt staut und trotzdem der einzige Motor der Metropole ist.

Und dann ist da noch Hollywood, die Traumfabrik, deren Protagonisten in Beverly Hills, auf der Melrose Avenue oder dem Sunset Boulevard im Geld schwimmen und nach immer neuen Traumwagen gieren. Und zwar solchen, die es unten in Downtown, in El Segundo oder Skid Row eben nicht gibt.

Die Schönen und Reichen, auch die Hollywoodstars, zeigen sich deshalb gern in den deutschen Luxusautos. Sie müssen funkeln und blitzen und sie müssen neu sein. Nicht umsonst hat Detroit den Amerikanern konsequenter als jede andere Autometropole die Mär vom Modelljahr eingebläut. Und wenn ein 65er Chevy besser ist als ein 64er, gilt das für einen Mercedes, Porsche oder BMW erst recht.

Begünstigt wurde die amerikanische Begeisterung für Autos „made in Germany" gleich durch mehrere Umstände, sagt Oldtimer-Spezialist Frank Wilke vom Marktbeobachter Classic Analytics. Zum einen gab es damals in den Vereinigten Staaten einfach mehr Wohlstand als irgendwo sonst auf der Welt und kaum einer der Besserverdiener hatte ein Problem damit, seinen Reichtum zur Schau zu stellen. Und zum anderen hat die Autometropole Detroit vor dem Krieg Luxusmarken wie Packard oder Duesenberg auslaufen lassen und danach den Faden nie wieder richtig aufgenommen. „Ja, Cadillac und Lincoln, das war schon noch was," sagt Wilke. „Doch haben die sich zunehmend dem Massengeschäft gewidmet, sich also gemein gemacht und obendrein die Qualität vernachlässigt."

Die Autos aus Europa dagegen und natürlich vor allem die aus Deutschland hatten einen guten Ruf, waren gerade bei den Sportwagen technisch sehr viel weiter und sahen obendrein ganz anders aus, als alles was man in Amerika kaufen konnte, skizziert Wilke und nennt dann noch einen Mann, der so etwas wie der wichtigste Botschafter Auto-Deutschlands in Amerika war: Max Hoffmann. Der emigrierte Österreicher war Generalimporteuer zahlreicher europäischer Marken für die USA, darunter auch Mercedes und Porsche, hatte in der neuen Heimat ein großes Ohr für die Wünsche seiner amerikanischen Kunden und fand in der alten Welt viel Gehör unter den Vorständen in Stuttgart & Co. So hat er Porsche von der

Notwendigkeit eines Speedster überzeugt und bei Mercedes erst den Flügeltürer und dann den 190 SL mit auf den Weg gebracht.

Aber so begeistert die Amerikaner von ihren deutschen Autos waren: Wenn es mal zu einem Schaden kommt, muss was Neues her. Die Reichen und Schönen, so will es der Geist jener Zeit, reparieren nicht, sie ersetzen. Als Unfallwagen ist selbst der eben noch geliebte Mercedes Flügeltürer oder Porsche 356 nichts mehr wert. Rudi Klein aus Rüsselsheim, man glaubt es kaum, erkennt die Chance, die darin steckt. Er kauft die Wracks auf, oft zu einem Spott- oder tatsächlich zum Schrottpreis, und schlachtet sie aus. Die gebrauchten Teile verkauft er zunächst rund um Los Angeles, mit der Zeit auch über die Stadtgrenze hinaus.

Heute, wo die Filmindustrie ihre Stars nicht mehr nur auf der Leinwand macht, sondern auch im Stream, wo Start-Ups Milliarden scheffeln und Softwareinnovationen Industriekönige krönen, mögen sich Reichtum und Wohlstand in Kalifornien besser verteilt haben und mit ihnen die faszinierenden Fuhrparks der Sehr-viel-besser-Verdiener. Die Bay-Area mit dem Silicon Valley ganz im Norden, das Pensionärs-Paradies der Monterey Peninsula in der Mitte oder das Orange County als Luxus-Vorstadt von Los Angeles – überall dort stehen heute Autos in ihren oft klimatisierten Garagen, für die Rudi Klein ganz sicher seine Tore aufgemacht hätte. Doch als Klein sein Geschäft begonnen hatte, war Los Angeles der alleinige Nabel der kalifornischen Autowelt und deshalb „the Place to be“.

Aber es ging den Reichen nicht nur ums Repräsentieren, sondern auch ums Rasen. Im kalifornischen Küstengebirge und auf den trockenen Ebenen dahinter – das weiß man spätestens seit James Dean oder Steve McQueen – gibt es ein paar der schnellsten und schönsten Straßen in ganz Amerika. Die Hollywood Hills, der Mulholland Drive oder gar die Rennstrecke von Willow Springs, hier toben die Reichen und Schönen sich aus – und sorgen bei Kleins Geschäft für reichlich Nachschub. Kein Wunder, dass an vielen Autos auf dem Friedhof der Goldtimer Blut klebt. Und oft genug kann man das wörtlich nehmen.

Glanz und Glamour für Hollywood kam oft aus Deutschland. Autos wie den Mercedes 300 SL hätte es ohne Amerika wohl nie gegeben, so groß war dort die Nachfrage. Und ein Steve McQueen am Steuer schadete dem Verkaufserfolg sicherlich nicht.

184
LAS
FOR LEASE
Delvie's SLACKS
184 · Delvie's

James Dean und sein „Little Bastard".
Der Schauspieler und Rennfahrer war einer
der prominentesten Botschafter deutscher
Automobilkultur im Amerika dieser Zeit.

130
130

Anfangs hat er nur eingesammelt, was ihm Hollywood an den Straßenrand gestellt hat. Doch je größer Kleins Sammlung wird, desto weiter zieht er seine Kreise. Den Nachschub für sein gewaltiges Gebrauchtteile-Lager hat er sich im ganzen Land und später sogar in Übersee auch von Versicherungen besorgt, die Unfallautos en bloc und meist nur für den Schrottwert versteigert haben. Heute begehrte Basis für eine millionenschwere Restaurierung, war da selbst ein Flügeltürer von Mercedes nur ein Haufen billigen Altmetalls.

Irgendein Händler aus Santa Monica oder Santa Barbara brauchte immer irgendwas. Zumal es Klein dort meist mit Mechanikern zu tun hatte, die wie er aus Deutschland ausgewandert waren. Kein Wunder, dass man sich auf Anhieb verstand. So wurde der Rudi berühmt: Weil es noch kein Internet gab, musste Mund-zu-Mund-Propaganda genügen und der langsam wachsende Mythos vom schillerndsten Schrottplatz der Welt war da sicher kein Schaden.

Klein wird darüber zum Millionär mit einer Villa im schönen Palos Verdes an der Pazifikküste. Obwohl er überwiegend mit Porsche sein Geld gemacht hat, ist er selbst eine andere Marke gefahren. Und er hat nie einen Neuwagen gekauft. Aber immer öfter hat er ein paar Autos für sich selbst zur Seite gestellt, sie nicht zerlegt, sich „für später mal" sogar die eine oder andere Restaurierung vorgenommen. Wer, wenn nicht er, hätte dafür alle Teile gehabt?

Zu seiner eigenen Kollektion gehören Schmuckstücke, die nicht verunfallt sind. Facel Vega, BMW, Maybach, Iso Grifo, welch wohlklingende Namen. Sein Favorit im Alltag war über lange Zeit ein relativ bescheidenes Audi Cabriolet in Silber, seine Frau fuhr einen Audi A8. Dem Vernehmen nach hatte Klein den A8 als Leihgabe im Gegenzug zum dem im firmeneigenen Museum ausgestellten Horch erhalten und irgendwann vergessen, ihn zurückzugeben. Es heißt, Audi habe eigens Leute nach Amerika schicken müssen, um den Wagen abzuholen. Ob die Geschichte so stimmt, wer weiß das schon?

Ähnlich verwegen und gerade deshalb irgendwie glaubwürdig ist die Anekdote, wie der Schrottplatz zu seinem Namen kam. Denn dass an der schmucklosen und unauffälligen Türe an der 8935 South Alameda Street „Porche Foreign Auto Car Dismantling" steht, ist keine Nachlässigkeit, wie man sie Klein gut hätte zutrauen können, sondern Ausweis seiner Bauernschläue – und angeblich die Reaktion auf einen bitterbösen Brief aus Zuffenhausen, wo am Stammsitz von Porsche irgendwann jemand auf den vermeintlich windigen Geschäftsmann aufmerksam wurde, der da mit „Porsche Foreign Auto" mächtig Wirbel machte im wichtigsten Absatzgebiet der Schwaben. Lieber hat Klein daraufhin einen Schreibfehler in Kauf genommen, als sich wie gefordert ganz vom Hersteller zu distanzieren. Es braucht nicht viel Fantasie, sich die wutschnaubenden Paragrafenreiter im Hause Porsche vorzustellen.

Zwar mag man sich den Schrottplatzhelden schwerlich als Hektiker vorstellen, erst recht nicht, nachdem man in seinem verstaubten Büro steht, das nichts, aber auch gar nichts an Moderne ausstrahlt. Tisch, Stuhl, Schreibmaschine, Wandkalender, das wars. Doch Klein stirbt Jahre später tatsächlich an einem Herzinfarkt, als er noch keine 70 ist. Mit dem Tod reißt auch die letzte Verbindung in die alte Heimat ab. Klein hat nach allem, was man hört, seine Heimatregion Hessen

Robert Redford hatte ebenfalls ein Faible für Autos Made in Germany und zeigt sich hier am Porsche 911.

geliebt und über die amerikanische Kultur und das Essen geschimpft. Er ist immer wieder nach Deutschland gereist, hatte sicher Heimweh. Die Freiheit von Amerika hat ihn zum Millionär gemacht, aber Heimat waren die Vereinigten Staaten für ihn wohl nie richtig. Obwohl er ja den amerikanischen Traum geträumt und ihn für sich wahr gemacht hat. Auf die damals noch in Frankfurt ausgerichtete Automesse IAA ging er dem Vernehmen nach gern, verbürgt ist ein Besuch Ende der 1990er-Jahre. Da stellte Audi den zweisitzigen Sportwagen TT als Studie vor und Klein ließ sich am Stand die Pressemappe mitgeben. Alte Liebe rostet eben nicht.

Gekauft hat er fast nur Porsche, Audi, Mercedes, BMW, alles andere war nur Beifang. Genau gezählt hat nie jemand, aber allein um 200 Porsche vom Typ 356 oder was davon übrig war standen wohl auf dem Gelände. Mindestens 50 Mercedes SL waren mal da. Aus heutiger Sicht: Unfassbar, unschätzbar, unglaublich. Einige der luxuriösen Schrotthaufen sind zwischenzeitlich verkauft worden, der Rest bildet im Sommer 2024 noch immer eine ansehnliche Sammlung.

Rudi Klein hat zwei Söhne. Sie wachsen mit dem Luxus-Schrott auf, als sei er gewöhnliches Spielzeug. Die beiden haben auf dem Gelände herumgetollt, Scheiben eingeschlagen und Dächer zertrampelt. Was man halt so macht, wenn man auf einem Schrottplatz aufwächst. Als der Vater stirbt, bleibt das Geschäft stehen, die Tore werden verschlossen. Welche Beziehung Kleins amerikanische Ehefrau zu dem Luxus-Schrott hat, ist nicht überliefert. Jedenfalls fasst die Karossen niemand mehr an, solange sie lebt.

So vergehen die Jahre. Kleins Sohn, offenbar kaum minder kauzig als sein Vater, lässt nie wieder jemanden auf den

Heute wäre diese Parkplatzszene eine Sensation, damals war sie Alltag in der Alameda Street.

Platz. Bis zum Tod der Mutter. Aus dem Spiel wird nun Ernst, und zwar goldener. Die Söhne haben keine engere Bindung zur schrottigen Sammlung. Es fällt die Entscheidung, den Luxus-Schrott versteigern zu lassen und dafür RM Sotheby's ins Boot zu holen.

Wir haben wohl das Glück des Augenblicks – ohne diese Verkettung der Umstände, wären wir, wäre niemand jemals mehr auf das Gelände gekommen und hätte es so sehen können, wie es war: Rudi Kleins Welt. Als uns sein Sohn nach zwei Stunden wieder abholt, wieder mit dem leicht angestaubten Golfcart vorfährt, plaudert er noch ein wenig, schlendert am Rande des Geländes entlang und hält einen Moment inne. Das einzige Auto, an dem er wirklich hängt, ist ein uralter VW Pritschenwagen, der als Auslieferungsfahrzeug gedient hat. Auch er steht auf dem Platz, genauso heruntergewirtschaftet wie all seine Artgenossen. Irgendwie scheint er zu lächeln, der Pritschenwagen. Der Sohn auch. „Ich lotse euch hier jetzt noch raus. Fahrt bitte direkt auf die Hauptstraße, nicht anhalten, nicht abbiegen." Seine Stimme lässt keinen Spielraum, es ist heiß, die Sonne brennt, in der Seitenstraße liegt ein umgekippter Einkaufswagen, hier und da ein wenig Unrat, viele hohe Mauern, einige gestapelte Autoreifen in Hofeinfahrten, die für uns keine Einfahrten sind. Rudi Kleins Sohn schließt hinter uns das schmucklose Stahltor, wir geben Gas, auf die Hauptstraße, ohne anzuhalten, ohne abzubiegen. Wir schauen einander fassungslos an, es ist eine Mischung aus Atemlosigkeit und Mondlandung. Wir sind nicht sicher, ob es wirklich wahr ist, was wir da gerade gesehen haben.

Mit diesem Pritschen-Bulli hat Klein seine Teile an die Werkstätten der Gegend ausgeliefert. Deshalb zählt er zu den Autos, an denen die Erben am meisten hängen.

Der rote Facel Vega war eher Beifang und passt so gar nicht in Kleins Beuteschema, schließlich kommt das Auto aus Frankreich und der V8-Motor von Chrysler

AUS

SEN

targa

GANG ÜBER DEN SCHROTTPLATZ

ÜBERALL PORSCHES, ÜBEREINANDER UND NEBENEINANDER GESTAPELT. UND ZWISCHENDRIN MAL EIN MAYBACH.

Neben dem Seiteneingang gab es eine langgezogene Halle mit Überdachung. Sonnenschutz also für ausgewählte Pretiosen.

MAYBACH

Porsche 356 soweit das Auge reicht. Manchmal unterbrochen von einem Rolls-Royce. Ob das System hatte? Wahrscheinlich war einfach gerade ein Platz frei geworden.

Das Leben war offenbar bunter früher. Offener auch. Oben ein Platz an der Sonne. Links, eher zufällig abgestellt wirkend, ein Mercedes 600 Pullmann unter diversen Porsche 356.

Nach zwei, drei Stunden wird der Aufenthalt surreal. Stehen wir hier wirklich zwischen Porsche, Mercedes, Maybach und Rolls-Royce und tun so, als sei das ganz normal?

FAMILIENZUSAMMEN-FÜHRUNG. WENN MAN SO WILL, DAS MERCEDES-AUTOHAUS KLEIN

Sternstunde oder Staubstunde? Mercedes-Benz hat schon tolle Autos gebaut.

230 SL, das ist eine Sehnsuchtsnummer für jeden Mercedes-Fan. Die Leiter scheint neu.

Lifeline

Ein Moment des Zweifelns. Da steht ein Rolls-Royce im ersten Stock, oder?

Genau hinschauen, moderne Zeiten. Ein Audi Cabrio in Silber, offenbar vergessen.

N1146
X |← N1145 →| X

Regale voller Motoren und Regale voller Karosserien. Für ein fahrfertiges Auto reicht das immer noch nicht.

PORSCHE

LOSE

10/9/8

1967 _ LAMBORGHINI MIURA P400 BY BERTONE

$ 610.000

Der dritte im Lamborghini-Bunde. Wenn wir das richtig in Erinnerung haben, gab es nur drei rote Autos auf dem gesamten Hof. Wobei der reichlich lädierte Porsche 356 im Mittelgeschoss des einen Regals unter der kalifornischen Sonne eher rosa ausschaut. Ob der so lackiert war oder ausgeblichen ist? Der Lamborghini jedenfalls ist rot-orange, im Original war er Miura-gelb. Er steht in der hintersten Ecke, die Scheinwerfer fehlen, das rechte Seitenfenster hängt leicht nach außen, aber hier regnet es bekanntlich selten. Ansonsten scheint es ihm recht gut zu gehen und wir könnten gleich nach draußen fahren, abgesehen von den überbreiten Hinterrädern, die so weit seitlich vorstehen, dass man ihn unmöglich ordnungsgemäß entlang der Straße parken könnte. Wer hat denn sowas mal erlaubt? Einfach genial.

Dieser Miura ist der 53., der je gebaut wurde. Das ist insofern wichtig, als die ersten 120 Stück aus besonders dünnem Stahl gefertigt wurden, was Anmut und Fahrspaß zuträglich war. Ausgeliefert in Italien, kam er im Juni 1980 in die Obhut von Rudi Klein. Ein 3,9-Liter-V12-Motor mit sechs Weber-Vergasern lieferte sagenhafte 350 PS – wenn man ihn hat. Im konkreten Fall fehlen nämlich Motor und Getriebe. Auch da hätte Rudi Klein aushelfen können, denn selbstverständlich fanden sich in seinem Lager passende Teile. Ob der erfolgreiche Bieter diese gleich mitersteigert hat, wissen wir leider nicht.

CALIFORNIA
600 KMP
PORSCHE

1959 _ PORSCHE 356 A CARRERA 1500 GS/GT COUPÉ BY REUTTER

$ 885.000

Während man auf dem Gelände so herumschlendert, gewöhnt man sich an Schrott. Schrott vorne, Schrott seitlich, Schrott hinten. Und dann steht da plötzlich ein Porsche 356 wie aus dem Prospekt. Warum ist er verschont worden? Sind die anderen seiner Art, denen mal eine Tür, mal eine Haube, mal eigentlich alles fehlt, neidisch? Als wir kommen, haben die Ordnungshüter von Sotheby's diesen 356 schon von seinem Plätzchen geholt, auf dem er dem Vernehmen nach 48 Jahre lang herumgestanden hat. Staub gewischt wurde auch schon, deswegen sieht der Porsche so fein aus. Sein Motor, Typ 692/1, soll nur vierzehn- oder fünfzehnmal gebaut worden sein. Dieses technische Wunderwerk mit vier obenliegenden Nockenwellen und Königswellenantrieb war unglaublich schnell, aber leider auch unglaublich schnell kaputt und in Herstellung und Wartung extrem aufwendig. Das hat die Zahl der überlebenden Exemplare weiter reduziert und macht alle noch existierenden so wertvoll. Passende Anekdote aus der Fahrzeughistorie gefällig? Laut der Kardex-Karte, der offiziellen Porsche-Wagenbegleitkarte mit allen wichtigen Eckdaten, wurde beim Kilometerstand von 29.918 km ein Werks-Austauschmotor installiert. Der irgendwann aber wieder ausgebaut und wieder durch den originalen, „matchenden" Motor ersetzt wurde. Offenbar wusste ein damaliger Besitzer vom Wert des Triebwerks und war auf den originalen Zustand seines Lieblings bedacht. Gut, dass Rudi nicht auf den Gedanken kam, den Porsche auszuschlachten und die Teile einzeln zu verkaufen. Da hatte auch er offenbar einen sechsten Sammler-Sinn. Die Gemeinheit der Reizüberflutung: Weil der 356 neben den roten Iso Grifo gestellt wurde, schenken wir ihm deutlich weniger Aufmerksamkeit als er verdient hätte.

1969 _ LAMBORGHINI MIURA P400 S BY BERTONE

$ 967.500

Hier ist er nun, unser halber Miura. Etwas stiefkindlich behandelt worden ist er und in bemitleidenswertem Zustand. An sich muss man ihn von hinten betrachten. Die sechs Lamellen entlang des schnellsten aller Hecks sind zwar tief verstaubt, aber vollkommen intakt. Der kleine Spoiler stellt sich nach oben in den imaginären Fahrtwind. Leider hat der Lamborghini an allen Ecken und Kanten Beschädigungen, jemand muss mit ihm rüde umgegangen sein. Die Tür kriegen wir auf, haben aber Sorge, sie könnte abfallen. Innen ist das Lenkrad in Ordnung, die Mittelkonsole hingegen ist ein Haufen Schrott, überall hängen Kabel heraus, die nach Anschluss suchen. Das Blau von Karosserie und Innenraum ist aber, wenn man den Archiven glaubt, noch der Farbton der Erstauslieferung. Sein erster Besitzer nahm ihn in Italien in Empfang, sein vorerst letzter, ein Sammler namens Rudi Klein, erwarb ihn im März 1978.

Allgemein war der P400 S eine behutsame Weiterentwicklung des P400, in den seit 1966 bereits diverse Verbesserungen eingeflossen waren. Die S-Version ist äußerlich an verchromten Scheinwerfereinfassungen und Chromzierrat an den Scheiben erkennbar. Und natürlich am zusätzlichen „S" der Modellbezeichnung am Heck. Im Innenraum fallen höherwertige Materialien und ein geändertes Layout der Instrumente ins Auge. Am meisten dürfte sich die Käuferschaft aber über 20 zusätzliche Pferdchen gefreut haben, die den V12 mit nun 370 PS in 5,5 Sekunden von 0 auf 100 galoppieren ließen. Eine Höchstgeschwindigkeit von mehr als 270 km/h ist damals wie heute eine Ansage.

IN

NEN

2TZL572

DIE HALLE

Sesam, öffne dich: Der erste Blick in Rudis Hallen hatte was von Schatzkammer.

MAYBACH

MAYBACH

Namen für die Ewigkeit? Rudi Klein wusste, welche Autos das Behalten wert waren.

Der Zahn der Zeit hatte viel zu nagen „beim Rudi", und der Rost hat sich überall durchs Blech gefressen. Am Wert ändert das nichts. Denn man sieht schließlich nur mit dem Herzen gut, das Wesentliche ist für die Augen ohnehin unsichtbar.

CARRER

Die Roadster von der traurigen Gestalt. Und trotzdem sind Porsche und Mercedes Millonen wert.

Die Guten ins Kröpfchen: Irgendwann hat Klein angefangen, die besseren Exemplare für sich wegzustellen, zu erhalten und irgendwann mal zu restaurieren. Auch wenn dieses „Irgendwann" dann doch nie kam. Aber so wurde aus dem Schrotter der Sammler.

Autoren im Glück: Holger Appel (o.) und Thomas Geiger (r.) können kaum fassen, was ihnen bei ihrer Schatzsuche an Exoten begegnet.

Virginia
is for lovers.

LOSE

7/6

1962 _ PORSCHE 356 B 1600 „TWIN-GRILLE" ROADSTER BY D'IETEREN

$ 1.160.000

Der blaue Porsche mit dem hellen Dach steht direkt neben dem Mercedes-Benz 300 SL. Das kann kein Zufall sein. Wahrscheinlich hat vor unserem Besuch doch schon jemand von Sotheby's ein wenig aufgeräumt. Die Motorhaube wurde dabei offenbar vergessen, sie steht hoch, das ist aber auch schon alles, was es zu bemängeln gäbe an diesem außergewöhnlichen Porsche 356 B, der nicht mal 600 Meilen auf dem Tacho hat. Mit seiner Lackierung in Oslo Blau und dem Interieur in grauem Leatherette fällt er aus dem Rahmen. Dass er nie restauriert wurde und somit im Originalzustand vor uns steht, ist kaum zu glauben und wohl auch ein Beweis für die Qualität, die Porsche schon damals auszeichnete.

Warum gerade dieser 356 so wertvoll ist? Nun, im Jahr 1962 vergab Porsche die Produktion der Roadster mit T-6-Karosserie an den belgischen Karosseriebauer D'Ieteren. Nur knapp 250 Exemplare wurden davon gebaut, alle erkennbar an der Tankklappe im rechten Frontkotflügel, dem fast geraden Abschluss der Fronthaube und am doppelten Lüftungsgitter der Motorhaube. Ein unrestauriertes Exemplar in diesem Zustand mit weniger als 1.000 Meilen auf dem Tacho zu finden – unmöglich, hätte man vor dem Blick in Rudis Sammlung gedacht. Der zahlte im Jahr 1978 übrigens ganze 18,500 Dollar für das Auto, was sich als gutes Investment erwies.

LOS _ 6

1957 _ MERCEDES-BENZ 300 SL ROADSTER

$ 1.187.500

Zum Glück ist die Seitentür der Halle abgeschlossen, sonst wären wir womöglich dort hineingekommen und direkt über das Heck des SL gestolpert. Seitlich rechts ist eine Dachlatte angelehnt, im die rechte Autotür blockierenden Regal liegen Sitzpolster und Reifen und Felgen, seitlich links und vorne ist er eingerahmt von zwei Porsche 356 der vollständigeren Sorte. Das Dach fehlt, die Sitze sind zerfleddert, vorne links ist der Scheinwerfer abhandengekommen, die Haube hängt leicht schief und steht einen Spalt weit offen. Aber ansonsten sieht der Mercedes-Benz ziemlich fahrbereit aus. Ein bisschen Staub wischen, und los geht es. Na ja, fast. Das dünne Lenkrad mit seinem inneren Ring für die Hupe ist eine Augenweide, der Innenspiegel thront auf dem Armaturenträger. Auf den zweiten Blick offenbart der Roadster weitere spannende Details, die seinen stattlichen Endpreis rechtfertigen. Da wären vor allem die extrem seltenen Rudge-Felgen mit Zentralverschluss, die man dem Rennsport entlehnt hatte. Weniger als 30 Roadster lieferte Mercedes mit dieser Option aus. Zudem gehört die Fahrgestellnummer 7500173 zu den nur 554 Roadstern, die im Erscheinungsjahr 1957 gebaut wurden. Bei der Auslieferung war dieses Exemplar feuerrot lackiert und besaß eine Innenausstattung in cremefarbenem Leder, zudem war auch ein Becker-Mexico-Radio installiert. Mit Ausnahme des Getriebes tragen alle entscheidenden Teile „Matching Numbers". Dass der Kilometerzähler bei nur 17.873 stehen geblieben ist, mag man kaum glauben. Zu groß muss die Versuchung gewesen sein, diesen wunderschönen Wagen mit offenem Verdeck zu bewegen. Aber da er relativ früh in Rudi Kleins Obhut gelangte, mag das die Erklärung sein.

KEIN INTERNET.
KEINE E-MAIL.
KEINE
DATENBANK.
NUR GUTE
KONTAKTE UND
EINE EIGENE
ORDNUNG IM
CHAOS.

DAS

BÜRO

8935

Auto Haus Klein
8935 S. Alameda St.
(323) 589-2162
MAIL DROP OFF
8935
Porche Foreign Auto
BUSINESS HOURS
MONDAY Thru FRIDAY
8:00 AM - 4:00 PM
By Appointment Only
CLOSED
SATURDAY & SUNDAY
Tel: (323) 589-2162
Ring Bell for Service

Schmuckloser Eingang, solide Ordnung. Man beachte: Porche Foreign Auto ohne S.

Wen Klein eingelassen hat, der hatte hier schnell ein Schlüsselerlebnis.

Schrott-Immobilie: Obwohl er Millionenschätze anhäufte, hat Klein keinen Wert auf Luxus gelegt. Zumindest nicht im Büro. Ach ja, und auf Technik offenbar auch nicht.

PARTS
MAR2020

LOSE

5/4

1968 _ LAMBORGHINI MIURA P400 BY BERTONE

$ 1.325.000

Die zwei Miuras stehen in einem Schuppen neben dem Haupthaus, in einer eher hinteren, jedenfalls finsteren Ecke. Genau genommen sind es zweieinhalb. Ein Roter und ein Grüner, nebeneinander, welch ein schönes Paar. Und ein halber Blauer, quer davor abgestellt. Eine Taschenlampe hilft, durch Wand und Decke fällt ein fahler Lichtschein auf die Pretiosen. In den Grünen haben wir uns sofort schockverliebt. Die Farbe sieht bei Licht betrachtet eher bläulich aus, im Original war er wohl gelb lackiert, dazu blaues Interieur. V12-Motor ist Ehrensache. Nur 275 Exemplare wurden vom P400 gebaut, bevor er durch den P400 S ersetzt wurde. Dieser hier ist trägt die Produktionsnummer 159.

Es handelt sich um eine italienische Ausführung, die im März 1968 ausgeliefert wurde. Kunde war ein gewisser Herr Zampolli, bei dem nicht ganz klar ist, ob es sich um den Lamborghini-Testfahrer gleichen Namens handelt, der später für den Cizeta-Supersportwagen verantwortlich war. Dafür spräche, dass Zampolli für den Import von Lamborghinis nach Südkalifornien verantwortlich war, und so wäre zu erklären, dass dieser Wagen Ende der Siebziger in den Besitz von Rudi Klein kam. Nicht weniger als 46 Jahre musste er dort auf seine Wiederentdeckung – und hoffentlich auch Wiedererweckung – warten. Die Basis für eine spektakuläre Komplettrestaurierung ist jedenfalls vorhanden. Bleibt für den neuen Besitzer die schwierige Entscheidung, ob das wunderbar schillernde Grün beibehalten oder das ursprüngliche Giallo Miura gewählt wird. Solche Sorgen müsste man haben!

LOS _ 4

1964 _ ISO GRIFO A3/L SPIDER PROTOTYPE BY BERTONE

$ 1.875.000

Ein solches Auto haben wir noch nie gesehen. Was kein Wunder ist – das Fahrzeug gibt es nur einmal. Als wir die Halle betreten, fällt der rote Sportwagen rasch auf. Allerdings steht er verkehrt herum, mit seiner verstaubten Nase hin zu einem Regal, in dem Anlasser oder Scheibenwischermotoren oder etwas Ähnliches in sieben Etagen gestapelt sind. Rechterhand, wie eigentlich überall, ein paar Porsche-Motoren auf Paletten. Der in die Ecke gedrängte Iso Grifo fällt auch deswegen auf, weil er aussieht, als könne man einsteigen und losfahren. Die halb angelehnte Tür öffnet mit einem Knarzen, wir nehmen Platz in dem cremebraunen Leder, die Hand fällt auf das herrlich nüchtern gestaltete Dreispeichenlenkrad. Auf dem Heck wartet ein Gepäckträger auf den Koffer für die Fahrt hinter den Horizont.

Den Iso Grifo A3/L Spider baute Bertone als Ausstellungsstück für den Genfer Salon 1964 und überraschte damit selbst die damalige Iso-Geschäftsführung. Federführender Designer war kein anderer als der noch sehr junge Giorgetto Giugiaro, der im Vergleich zum serienmäßigen Grifo-Coupé fast jede Linie subtil veränderte. Nach der Präsentation in Genf fand der Wagen schon 1967 seinen Weg nach New York, wo er grün lackiert und mit schwarzem Lederinterieur versehen wurde. Einige Jahre später, 1973, kaufte der TV-Produzent und Sammler Greg Garrison den Spider und brachte ihn nach Kalifornien. Garrison war in der Szene bekannt und nicht nur mit Enzo Ferrari, sondern auch mit Rudi Klein befreundet. Im Jahr 1980 erwarb dieser den Wagen von Garrison, der ihn damals schon wieder im ursprünglichen Rot lackiert hatte. Allerdings war der Grifo irgendwann mal in einen Unfall verwickelt und bekam deshalb die zwar passende, aber nicht originale Front eines Coupés verpasst.

TEIL

N1653

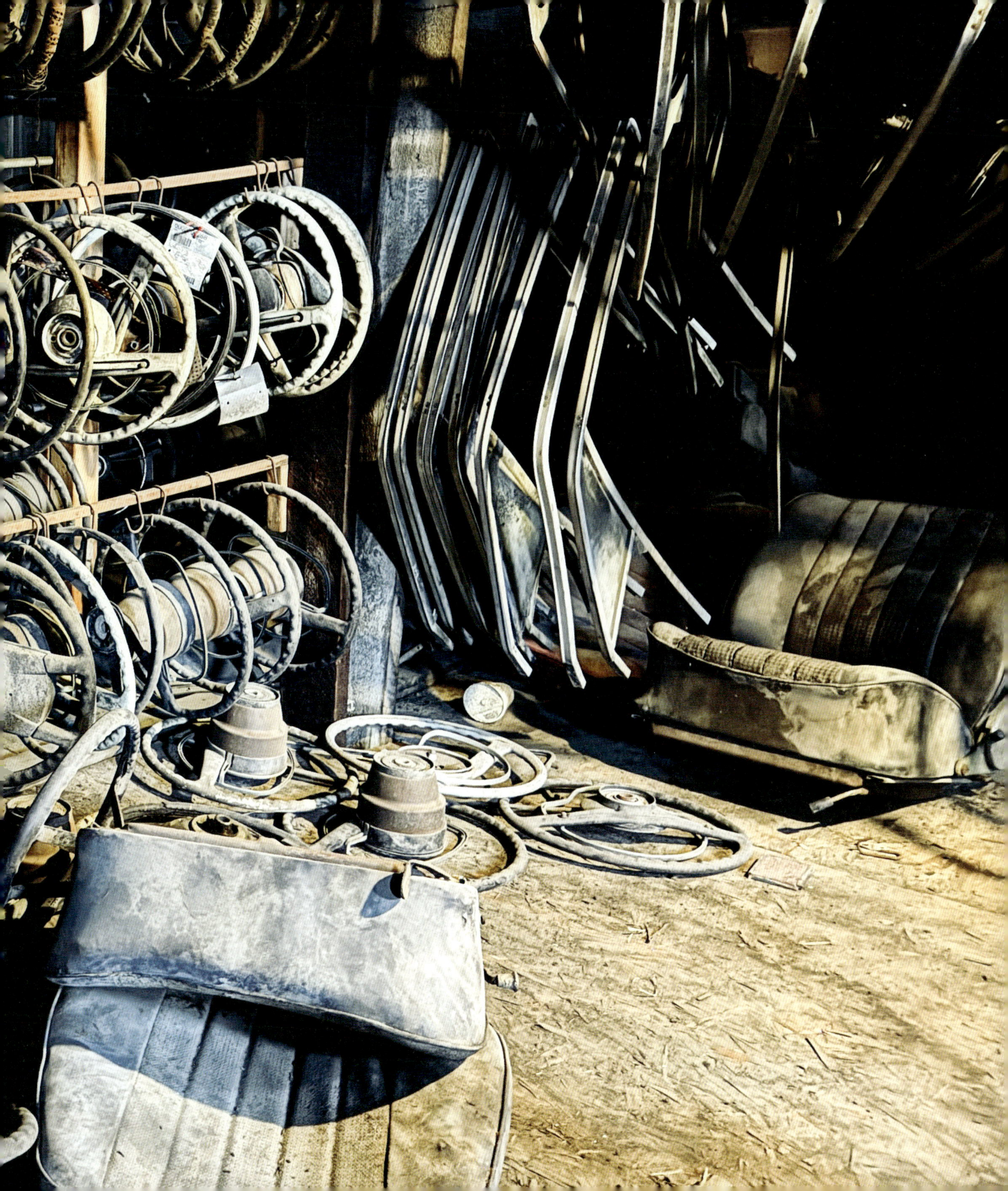

GLYCO
Gleitlager
PORSCHE
Typ 1600 SC,Motor 912 Targa
H 799/4
HL-Satz Std.
Nr. 11
GLYCO
Gleitlager
PORSCHE
Typ 1600 SC,Motor 912 Targa
H 799/4
HL-Satz
Nr. 11
GLYCO
PORSCHE
Typ 356/A/B/C-912
71-1971/4
PL-Satz 0.25
Nr. 7 n
GLYCO
PORSCHE
Typ 356/A/B/C-912
71-1971/4
0.25
Nr. 7 n
GLYCO
Gleitlager
PORSCHE
Typ 1600 SC-912/Targa
H 799/4
HL-Satz 0,25 m/m
Nr. 11
GLYCO
Gleitlager
PORSCHE
Typ 1600 SC,Motor 912 Targa
H 799/4
HL-Satz Std
Nr. 11
GLYCO
PORSCHE
71-1971/4
0.25

Auto Haus Klein. Wie man sieht, gibt es hier Schilder, Gleitlager und mehr.

EIN AUTORADIO WAR FRÜHER DAS HÖCHSTE DER GEFÜHLE. HIER LAGEN GLEICH DUTZENDE, VIELE VON BLAUPUNKT. OB SIE NOCH SPIELEN?

Als Radios noch Bedienungsanleitungen
und Begleitpapiere hatten.

AUTO-RADIO-SERVICE
INTERNATIONAL
Garantie-Information Seite 1— 2
Adressen: Deutschland Seite 3—15
Europa Seite 16—24
Africa Seite 24—28
America Seite 28—45
Asien Seite 46—48
Australia Seite 48

Listen und Handbücher. Natürlich im Original. Hier von und für Porsche.

Möge der Funken überspringen. Zündspulen braucht der Fan.

Coupe

Türen, na klar. Aber mit so vielen Radios hatten wir nicht gerechnet. Die meisten aus deutscher Produktion.

Dunkle Gänge ohne Ende. Rudi Klein kannte jeden Lagerplatz in- und auswendig.

Kopfstützen sauber aufgereiht. Drunter lagen, eigentlich komisch, einige Sitze in wildem Durcheinander.

ROLLS
ROYCE
ROLLS
ROYCE

Porche

1976
PORSCHE 924
MERCEDES-BENZ 230, 250 & 280 (

Die Kennzeichen seiner Schrottmobile hat Rudi Klein alle behalten. Die Sonnenblenden auch.

705 37 R 1063 20/90
17 115 270 00 20
FLANGE
267-635

ORIGINAL MERCEDES-BENZ ERSATZTEIL
ORIGINAL MERCEDES-BENZ ERSATZTEIL
MADE IN GERMANY
G-Box

„UND DAREIN, WORAUS DIE DINGE ENTSTEHEN, VERGEHEN SIE AUCH WIEDER."

Antiphon

348/754
PORSCHE

Am Schluss ist das Geschäft gutes Handwerk. Für das es gutes Werkzeug braucht.

Ölfilter. Und die Frage: Sind die in dieser passgenauen Kiste mal geliefert worden?

N158

83 X Ce
12

Ersatzteile für Mercedes-Benz. Und natürlich originalverpackt.

An sich untypisch ungeordnet. Aber man erkennt Scheinwerfer und Chromringe.

LOSE

3/2/1

DIE TOP-3-LOSE

3. _ 1939 _ HORCH 855 SPECIAL ROADSTER BY GLÄSER

$ 3.305.000

Das war ein Deal nach Rudi Kleins Geschmack. Als Audi seinen Horch 855 Special Roadster 1992 zusammen mit zwei anderen Fahrzeugen des einstigen Mercedes-Konkurrenten als Leihgabe für das frisch zu eröffnende Museum Mobile in Ingolstadt haben wolle, stellte der schrullige Schrotter nur zwei Bedingungen an die Herren der Ringe: Zum Erhalt seiner persönlichen Mobilität hat er sich einen Audi A8 auserbeten, der, wie es die Söhne heute erzählen, zum einzigen Neuwagen wurde, den Klein oder besser seine Frau je gefahren haben. Und damit der der Roadster auch richtig zur Geltung komme in der Ausstellung, möge der Hersteller ihn doch bitte richtig restaurieren.

Darauf haben sie sich in Ingolstadt offenbar breitwillig eingelassen. Schließlich ist der offene Zweisitzer mit der in Dresden produzierten Gläser-Karosserie nicht irgendein Auto aus dem Arsenal der vier Ringe. Der 1939 gebaute Prunk- und Paradewagen gilt als der Inbegriff eines Horch – und obendrein als die größte Rarität der Marke. Schließlich wurden kurz vor Ausbruch des Zweiten Weltkrieges nur noch sieben Exemplare fertig. Neben einem eher flickschusterigen Prototypen ist Kleins 855 der Einzige, der überlebt hat.

1932 1933 1934 1935 1936 1937 1938 1939
Horch 855

LOS _ 3

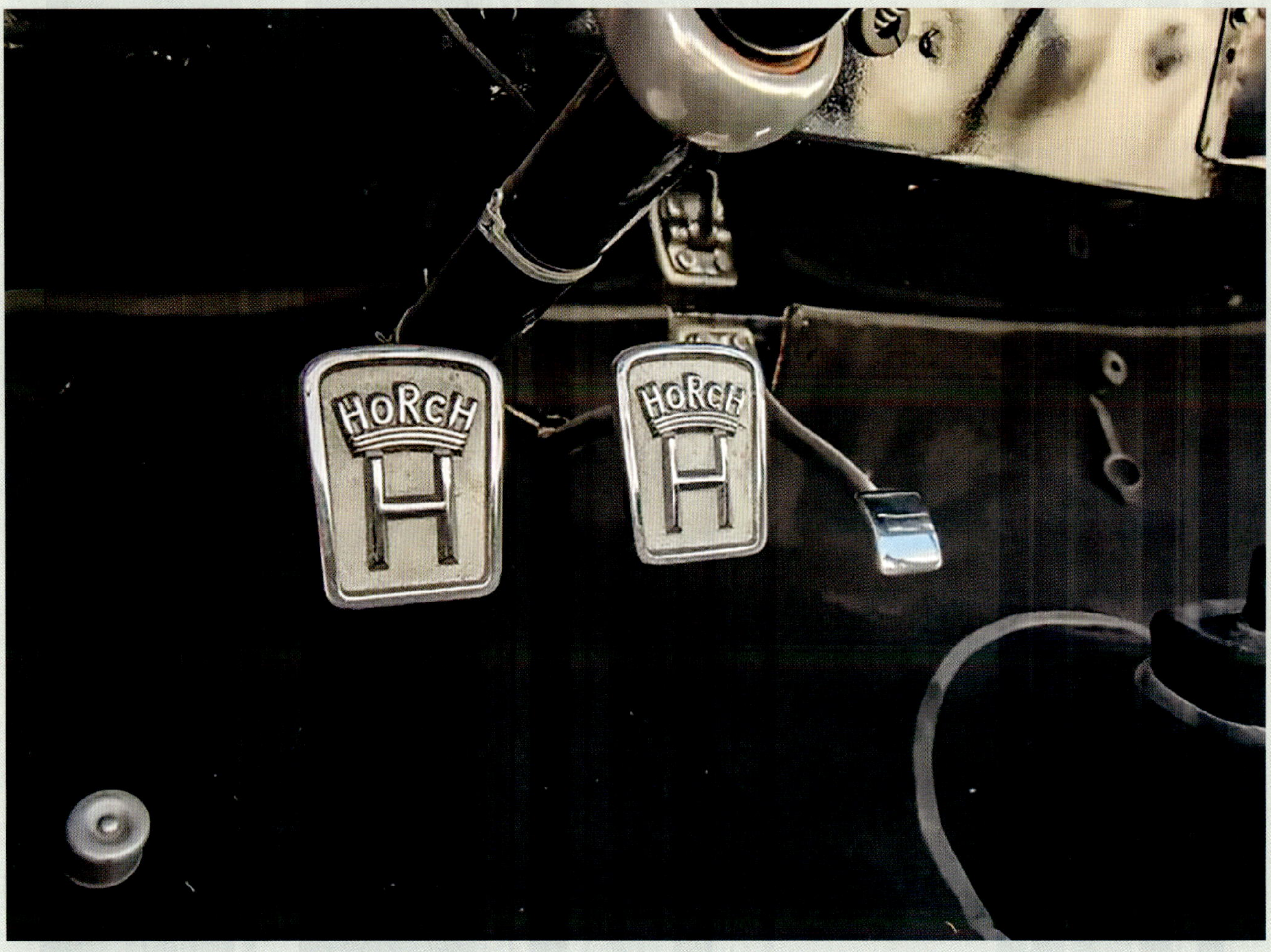

Wenn RM Sotheby's richtig recherchiert hat, wurde der Wagen in die Niederlande ausgeliefert, kam dann mit einem hochrangigen amerikanischen Geheimdienstler und -Diplomaten noch während des Krieges in die Vereinigten Staaten, fuhr von dessen alter Heimat in New York einmal cross country in die neue Heimat Kalifornien und ging nach dem Tod des zwischenzeitlich zum Botschafter aufgestiegenen Militärs durch die Hände mehrerer Sammler – Zwischenstopp in unterschiedlichen Museen inklusive.

Klein, in der kalifornischen Autoszene fest verankert, mit jedem bekannt und immer für einen Deal zu haben, hat den Wagen 1980 gekauft und gleich weggestellt. Eben noch frei zugänglich und von Zigtausenden im Jahr bestaunt, verschwand er so erst einmal hinter Bergen von Schrott, war aus den Augen, aber nicht aus dem Sinn. Als Audi sein Museum Mobile plant, werden die Bayern bei dem emigrierten Hessen vorstellig, verhandeln und holen den Horch zurück nach Deutschland. Wenn auch nur leihweise und mit zweieinhalb Jahren Restaurierungsarbeit.

Davon allerdings profitiert jetzt nicht zuletzt der neue Eigentümer. Nicht nur, dass er für 3.305.000 Dollar das wahrscheinlich am besten gepflegte Auto der Junkyard-Collection bekommt. Sonden viel mehr als eine kleine Motorrevision braucht der Horch auch nicht, bevor er direkt zum nächsten Concours cruisen kann.

1935 _ MERCEDES-BENZ 500 K „CARACCIOLA" SPECIAL COUPE BY SINDELFINGEN

$ 4.130.000

Unter all den großen Geheimnissen auf dem Schrottplatz in der South Alameda Street war er das vielleicht bekannteste Auto. Bevor der Mercedes 500K irgendwann nach 1979 hinter Kleins Wellblechwänden verschwand, war er über viele Jahre Dauergast auf den kalifornischen Concours und hat dort so manchen Klassensieg eingefahren. Kein Wunder, schließlich hatte der 1935 gebaute Zweitürer einen überaus prominenten Erstbesitzer. Kein Geringerer als Rudolf Caracciola, der wahrscheinlich bekannteste und erfolgreichste deutsche Rennfahrer vor Michael Schumacher oder Sebastian Vettel und prominentester Mercedes-Mitarbeiter seiner Zeit, hat den Wagen vom Hersteller als Lohn für seinen Ruhm und seine vielen Siege bekommen – angeblich sogar nach seinen eigenen Wünschen konstruiert und konfiguriert.

Nachdem Rennleiter und Teamchef Alfred Neubauer mit ihm zur Übergabe in Bremerhaven am Auto posiert, fährt Caracciola den 500 K offenbar bis spät in die 1930er, bis er dann, so will es zumindest die Legende, in den Händen eines italienischen Diplomaten und später auf verschlungenen Wegen unter einem Misthaufen irgendwo in Äthiopien landet. Von dort holt ihn ein amerikanischer Sammler nach Kalifornien, wo das Coupé mehrfach den Besitzer wechselt, zum ersten Mal restauriert wird und seine Concours-Karriere beginnt.

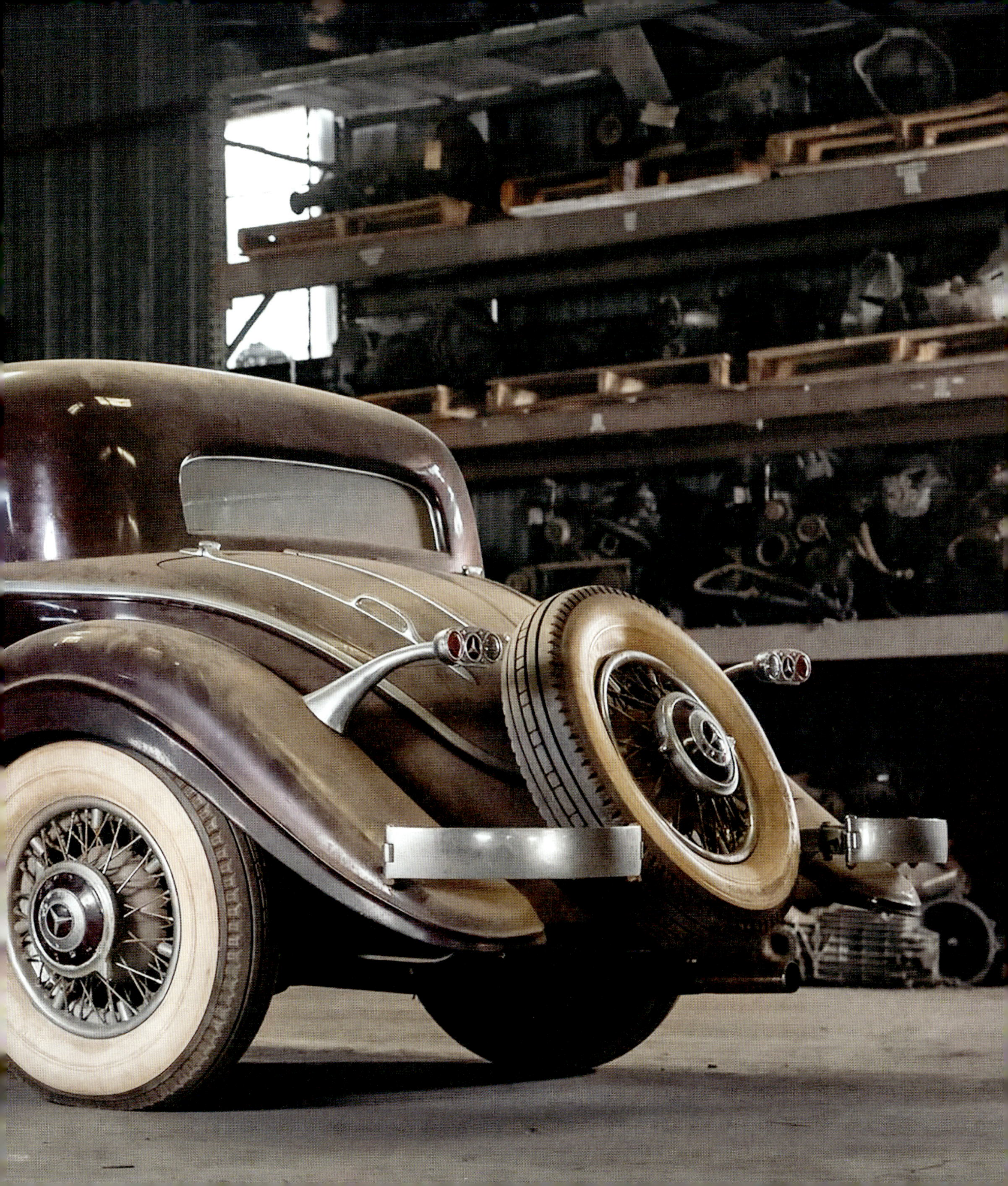

LOS _ 2

Irgendwann wird Klein auf den Wagen aufmerksam und kauft ihn im März 1979 dem Filmproduzenten und Gelegenheitssammler Jim Packer ab. Wie mit allen seinen Errungenschaften, egal ob alt oder neu, Sammlerstück oder Alltagsauto, macht er ihn für ein paar Wochen zum „Daily Driver“, bevor er die Lust verliert oder ein neues Spielzeug ersteht und ihn dann einfach zu den anderen stellt.

Weil jeder in der Szene das Caracciola-Coupé kennt, wollen viele es sehen. Doch 44 Jahre lang lüftet Klein die schweren Tücher nicht, unter denen er es für seine Verhältnisse fast schon geschützt verborgen hat. Die vielen Angebote potenter Sammler lässt er genauso links liegen, wie den Blankoscheck, der ihm angeblich zwischendurch mal auf den staubigen Schreibtisch flattert. Jetzt allerdings hat jemand eine Zahl darauf eingetragen. Für 4.130.000 Dollar wechselt das allseits bekannte Geheimnis doch noch den Besitzer.

1959 _ MERCEDES 300 SL „ALU"

$ 9.355.000

Diese Beule dürfte selbst Rudi Klein geärgert haben. Denn zwischen all seinen Wracks und Rostlauben standen auch ein paar Pretiosen in besserem Zustand. Wie der 1956er Flügeltürer, den er 1976 gekauft hat. Der war zwar in Silber lackiert und nicht mehr im Schwarz der Erstauslieferung, ansonsten aber vom Interieur über den Motor bis hin zu Fahrwerk und Getriebe original – und vor allem Top in Schuss. Bis Klein irgendwann im Jahr 1981 mal mit dem Gabelstapler dagegen gefahren ist und eine weithin sichtbare Delle im Heck hinterlassen hat.

Das wäre schon bei jedem normalen Flügeltürer mehr als ärgerlich gewesen. Doch hier hat es ein ganz besonderes Exemplar getroffen. Denn das Auto mit der Fahrgestellnummer 198.043.5500872 und einem Tachostand von 73.387 Kilometern ist eine „Leichtmetall-Ausführung", mit der die Schwaben damals ambitionierte Rennamateure ansprechen wollten. Deshalb gab es nicht nur eine Karosserie aus Aluminium, sondern obendrein leichtere Räder, eine Heckscheibe und Seitenfenster aus Plexiglas sowie ein strammeres Fahrwerk, eine neue Übersetzung und einen stärkeren Motor. Dummerweise war das Paket extrem teuer und Konkurrenten wie Ferrari machten das bessere Angebot. Deshalb wurden nur 29 der Alu-Flügeltürer gebaut, und Kleins Exemplar war die Nummer 26.

Gekauft hat er den 300 SL nicht wie die meisten anderen Autos als Unfallwagen, sondern direkt vom Erstbesitzer, keinem Geringeren als dem Le-Mans-Sieger und künftigen Ferrari-Importeur für die USA, Luigi Chinetti, den Klein 1976 bei einem Rennen in Daytona trifft. Per Handschlag wird ein Preis von 30.000 Dollar vereinbart, zehn Prozent davon lässt der Schrottplatz-König in bar da. Kaum ist das Auto in Los Angeles, verschwindet es hinter Bergen von Schrott im Hauptgebäude. Wenn sich Kleins Söhne richtig erinnern, hat der SL das Gebäude oder zumindest das Gelände daraufhin nie wieder verlassen. Bis auf ein paar Einzelteile wie die vordere Stoßstange, den Schaltknauf, den Wagenheber oder das Ersatzrad jedenfalls, die Klein irgendwann doch verkauft hat.

Jetzt dagegen macht ein Sammler den Flügeltürer wieder flügge und lässt sich damit sicher bald auf einem Concours sehen. Ob mit oder ohne Beule, wird sich zeigen. Dem Auktionserlös jedenfalls hat der Blechschaden nicht geschadet: Als bei 9.355.000 Dollar der Hammer fällt, ist der „Alloy-Gullwing" das mit Abstand teuerste Einzelstück der Junkyard-Collection.

VERSTEI

GERUNG

WIEDER LEBEN AUF DEM FRIEDHOF DER GOLDTIMER

So ging es auch den Mitarbeitern des Auktionshaus RM Sotheby's, als ihnen Klein Junior im Sommer 2024 zum ersten Mal die Tore geöffnet hat. „Wir wollten unseren Augen nicht trauen", sagt Andrew Olson, der die Projektleitung übernommen hat und deshalb irgendwie eine Ordnung in das Chaos bringen musste, das wohl nur Klein selbst so richtig überblickt hat. Wenn überhaupt.

„DIE SPEKTAKULÄRSTE AUKTION MEINES LEBENS“

Er hat schon so ziemlich alles verkauft, was Räder hat und betreibt eines der größten Auktionshäuser der PS-Welt. „Doch was sich uns da geboten hat, das habe ich so noch nie gesehen", erinnert sich Rob Myers an seinen ersten Besuch in der South Alameda Street. Der Kanadier aus Chatham, Ontario, gleich auf der anderen Seite von Detroit, ist das „RM" in Sotheby's Namen und war für die Klein-Brüder offenbar die erste Wahl. „Denn niemand macht das Geschäft so gut wie wir", sagt Myers wenig bescheiden. Und trotzdem fällt es einem schwer, ihm zu widersprechen. Nicht umsonst versteigert er im Jahr mehr Autos als Klein in seinem Leben zusammengetragen hat: „100.000, 200.000 vielleicht sogar 500.000: Sechsstellig ist die Zahl auf jeden Fall", sagt Myers am Rande der Auktionen der Monterey Car Week, wo er allein an drei Tagen 163 Millionen Dollar umsetzt. In guten Jahren kommen da hohe dreistellige Millionenbeträge zusammen, und 2022 könnte es auch eine Milliarde gewesen sein. Schließlich geht auf sein Konto auch der als „Uhlenhaut Coupé" berühmt gewordene Mercedes 300 SLR, den Myers Truppe für das Mercedes-Museum versteigert und mit einem Zuschlag bei 135 Millionen Euro zum wertvollsten Oldtimer der Welt gemacht hat. Als wäre das noch nicht Reputation genug, betreibt der ehemalige Kfz-Mechaniker noch eine Restaurierungswerkstatt, die regelmäßig Concours-Gewinner etwa für das berühmte Stelldichein in Pebble Beach hervorbringt.

Die großen Trümpfe des kauzigen Kanadiers sind nicht nur die vielen Jahre Erfahrung, die eigene Expertise und das ihn umgebende Heer an Historikern und Archivaren sowie der gute Leumund, den er sich in über einem halben Jahrhundert erarbeitet hat. Sondern zugleich versteht es niemand anderes, einen solchen Hype um seine Events zu entfachen. Drei Monate, nachdem ihn die Kleins beauftragt haben, stellt er deshalb den Mercedes Alu-Flügeltürer, den unumstrittenen Star der Junkyard-Collection, als Appetitanreger zur Car Week nach Monterey. Danach ist der Friedhof der Goldtimer in aller Munde. Überall in der Autoszene raunen sie plötzlich wieder von jenem sagenhaften Schatz, von dem alle schon mal gehört haben, den aber noch kaum einer gesehen hat. Und bei Myers läuft das Postfach über mit Interessenten, die zur Auktion kommen wollen.

Kein Wunder, sagt Myers. „Denn so etwas hat es bis dato nicht gegeben, und so etwas kommt auch nicht wieder," ist der Kanadier überzeugt. Er sollte es wissen. Nicht nur, dass er die meisten Großsammler auf dem Globus persönlich kennt. Er weiß auch, welche Autos mit Sammlerpotenzial gebaut wurden, von welchen der Verbleib bekannt ist und welche als verschollen gelten. „Egal ob in Amerika oder Europa, Asien oder Afrika: Klar gibt es überall noch geheime Sammlungen und vielleicht auch ein paar Rostlauben auf einem mehr oder minder großen Hinterhof. Aber so viele, so spektakuläre Autos in so einem Zustand auf einem Fleck wie auf dem Schrottplatz von Rudi Klein, das kann ich mir beim besten Willen kein zweites Mal vorstellen."

Erstmals seit Jahrzehnten wieder Tageslicht: Interessierte Käufer begutachten die Highlights der kommenden Auktion.

Drei Wochen lang haben ein Dutzend Mitarbeiter geschuftet und geschwitzt, gewühlt, gegraben und gestapelt. Sie haben Türme von Traumwagen abgetragen und an anderer Stelle wieder aufgestellt. Immer wieder mussten Historiker und Sachverständige herangezogen werden, die wie Archäologen einzelne Autoteile identifizieren, sortieren und katalogisieren sollten. Denn so leicht ein Mercedes-Flügeltürer oder ein Porsche 356 auch ohne Lack noch zu erkennen sein mögen, so schwer lassen sich tausende von Kardanwellen, Öldichtungen oder Simmerringen zuordnen.

Davon gab es reichlich in dem staubigen Chaos. Denn während die Karossen draußen unter der Sonne auf der Fläche eines Fußballplatzes dreifach übereinander in langen Reihen dahinrosten, stapeln sich in einem halben Dutzend Schuppen zigtausende Teile in einer wohl nur für Klein verständlichen Ordnung. Wer einmal die Schrottplatz-Dokumentation über die Ludolfs gesehen hat, bekommt ansatzweise eine Vorstellung davon, wie es bei Klein ausgesehen hat. Hunderte Lenkräder auf langen Leinen aufgezogen, Kopfstützen en Masse, Meterweise Türen oder Motorhauben, Regale um Regale mit Getriebeteilen und überall Motoren, immer wieder Motoren: „Mit großen Augen und offenem Mund sind wir durch die Reihen gegangen und haben bei jedem Schritt eine neue Überraschung erlebt," erinnert sich Olson. Zum Beispiel, als sie in einer Gitterbox einen fast kompletten 275er Ferrari in Einzelteilen gefunden haben. „Und dann standen wir plötzlich im Teile-Lager." Dort, wo sein Team jetzt alles fein säuberlich sortiert hat, sind sie über riesige Haufen und Halden gestolpert, die für Klein lange vor dem Einzug der Software in die Lagerhaltung vielleicht ein System gehabt haben mögen. „Für uns dagegen war es ein riesiges Puzzle und wir mussten bei vielen Teilen forschen, zu welcher Marke und welchem Modell sie gehören könnten."

Hunderte Boxermotoren und unzählige V8 aus Zuffenhausen und Sindelfingen lagern in hohen Regalen im Freien. Man findet Dutzende Motorhauben vom Porsche 356, haufenweise silbern schimmernde Radkappen, die Teile eines Kühlergrills von Rolls-Royce, auch den zerlegten Motor eines Lamborghini Miura, allein er nicht weniger als ein Sensationsfund. Die Unfallkarossen sind dreistöckig aufgereiht, soweit das Auge reicht. Dazwischen stehen verstaubt ein paar Mercedes 600, der ein oder andere Maybach, hier und da ein Maserati oder ein vergleichsweise moderner Audi. Zum Angebot gehört auch jener lange im Audi Museum als Leihgabe gezeigter Horch 855 Spezial Roadster, von dem sechs oder vielleicht doch sieben Stück gebaut wurden, Kleins Exemplar von 1939 ist vermutlich das letzte existierende.

Auf Kleins Schrottplatz fand sich oft etwas Passendes. Dass aber jemand selbst Hand an den Schraubenschlüssel legen durfte, gehörte zu den absoluten Ausnahmen. Gelang es doch mal jemandem, wie unserem enthusiastischen Zeitungsleser, drang wenigstens ein bisschen nach draußen von der sagenumwobenen Schatztruhe hinter den schmucklosen Mauern. Die Porsche 356, heute sündhaft teure Sammlerstücke, wurden schon gar nicht mehr gezählt. Der Blick blieb hängen an Exoten wie Audi 5000, BMW 2002, Mercedes /8, Porsche 924. Hinter dem Hauptgelände gab es ein zweites, auf dem stapelten sich die Autos gleich mehrfach. Zur Straße hin lag und liegt das Büro, ein an Nüchternheit kaum zu überbietender Raum mit schlichten Schreibtischen und wackligen

Hauben auf: Bei der Inspektion vorab geht es wohl weniger um die Suche nach Roststellen, sondern um einen Blick auf längst verlorengeglaubte Schätze.

Stühlen. Am Telefon hängt noch eine Schnur und der Computer hat noch ein Laufwerk für Floppy Disks. Als wir es betreten, steht es seit rund 20 Jahren leer, und mit ihm steht die Zeit. Man bekommt einen Eindruck, wie pragmatisch das Geschäft ablief. Also ganz im Sinne des etwas eigensinnigen Chefs.

Irgendwann sind Auktionator Olson und seine Truppe bei der Arbeit auch zu jenen Autos vorgedrungen, die Klein offenbar für sich selbst auf die Seite gestellt und dann doch nie restauriert hat. Zu diesen besseren oder zumindest nicht ganz so schlimm verrotteten und deshalb mehr oder minder kompletten Pretiosen zählen einer von nur 29 Mercedes-Flügeltürern mit Aluminium-Karosserie, ein 500K, der 1930 an keinen geringeren als die Rennfahrerlegende Rudolf Caracciola ausgeliefert wurde, ein paar Porsche-Raritäten sowie quasi als Mitgift gleich dreieinhalb Lamborghini Miura, das einzige Showcar von Iso Grifo und ein Facel Vega.

Kurz vor dem Besuch der Autoren sind Olson und seine Kollegen fertig. Sie haben in Kleins dicken Bestandslisten, die natürlich noch auf vergilbtem Papier geführt wurden und nicht digital, Zeile für Zeile studiert, welches Wrack zu welchem der 7.000 Einträge passt, und mit Kreide jene Nummer darauf geschrieben, unter der die Stücke einzeln oder en gros live oder parallel im Internet versteigert werden.

Jetzt müssen sie nur noch schauen, wo sie die Bühne hinstellen. Wo das Publikum sitzt. Wie sie das Catering organisieren. Und wie sie vor allem die ganze Sause sichern können in dieser windigen Gegend. Denn so viele solvente Sammler, wie sie zur Auktion erwarten – so viel Geld ist hier schon lange nicht mehr zusammengekommen.

UND „ACTION“ IN DER ALAMEDA STREET ODER 3,2,1: DEINS

Draußen Security und Lieferwagen fürs Catering und drinnen unter gleißenden Scheinwerfern Betrieb wie in einem Ameisenhaufen: Auf den ersten Blick sieht es am 26. Oktober 2024 in der Alameda Street aus wie bei einer Hollywood-Produktion am Filmset. Nur dass hier keiner „Action!" ruft, sondern „Sold". Statt der Klappe hört man den Hammer. Und zwar immer und immer wieder.

An diesem Samstag ist Showtime vor großem Publikum. Kaum ein halbes Jahr nachdem die Klein-Söhne den Auktionsgiganten beauftragt haben, löst RM Sotheby's die vielleicht mystischste Sammlung der Autowelt endgültig auf. Die zigtausend Einzelteile sind in fast 600 Losen zusammengefasst, in der Halle ist vor einem bunt bestückten Teileregal aus Wellblech eine Bühne aufgebaut. Wer sich nicht in die Alameda Street getraut oder schlicht kein Ticket mehr bekommen hat, der bietet online oder am Telefon mit. So registriert RM Sotheby's eine fünftstellige Zahl an Bietern aus 36 amerikanischen Staaten und 39 Ländern.

Wer hier mitbietet, sollte nicht nur tiefe Taschen haben, sondern auch wissen, wonach er sucht.

„BEI SOLCH EINER GELEGENHEIT LÄUFT DAS KINO IM KOPF AUF HOCHTOUREN“

Natürlich reißen sich die Sammler um Raritäten, um die Autos mit berühmten Besitzern oder kurioser Geschichte. Doch dass die „Junkyard-Collection" so viel mehr Aufmerksamkeit erregt und so viele Sammler angezogen hat, dafür gibt es in den Augen des Oldtimer-Experten Frank Wilke ein paar ganz spezielle Gründe.

Schon klassische Garagen- oder Scheunenfunde übten auf die Sammler eine große Faszination aus, weil ihnen immer etwas Mystisches anhafte. Doch bei einem ganzen Schrottplatz kumuliert sich dieses Gefühl. „Da beginnt sofort auf Hochtouren das Kopfkino zu laufen," sagt Wilke. Der Sammler werde wieder zum Jäger und hoffe darauf, dass er als erster und einziger den wahren Schatz entdecke, der sich unter all dem Schrott und den Skeletten verstecke. Und wenn dort dann auch noch ausschließlich Luxusautos gestapelt sind, kommt die Fantasie gar nicht mehr zur Ruhe. Wie und warum sind solche Traumwagen ausgerechnet hier gelandet? Welche Geschichten, Schicksale, Tragödien verbergen sich dahinter? Und was haben die Autos in ihrer schillernden Welt alles erlebt, bevor sie hier unter der sengenden Sonne ausgeblichen sind? „All das geht den Leuten durch den Kopf, wenn sie an einen Schrottplatz wie den von Rudi Klein denken." Ganz nebenbei war die Auktion für viele Sammler die erste und zugleich die letzte Gelegenheit, endlich mit eigenen Augen zu sehen, worüber die Szene jahrzehntelang geraunt hatte.

Neben all den psychologischen, ja fast mystischen Faktoren nennt Wilke aber noch ein ganz nüchternen Grund für das große Interesse: Originalität. Egal ob Rostlaube, Unfallwrack, Austauschmotor oder Ersatzteil – was von diesem Schrottplatz kommt, ist über jeden Verdacht erhaben. Vielleicht mag eine Kurbelwelle aus Kleins Regal nicht mehr passgenau sitzen, ein späterer Nachbau und ein Motor nicht ganz so geschmeidig laufen. Aber all diese Teile steigern den Wert des Autos, in das sie einmal eingebaut werden, sagt Wilke.

Wer sich tatsächlich die Mühe macht, eines der jämmerlichen Porsche- oder Mercedes-Wracks zu restaurieren, von denen oft nicht viel mehr übrig ist als die Fahrgestellnummer, der wird vielleicht nicht unbedingt einen großen Reibach machen, schränkt der Experte ein. Aber er wird nie über die Echtheit diskutieren, sich Sorgen um den Weiterverkauf machen müssen. „Die Tatsache, dass es aus der Klein-Collection stammt, ist wie eine zweite Geburtsurkunde."

Das Spektakel beginnt morgens um zehn, die Live-Show dauert den ganzen Tag und noch einmal zwei Tage länger im Netz. Das Ergebnis übertrifft alle schon hohen Erwartungen: Der Alu-Flügeltürer von Mercedes aus dem Jahr 1956, eines von nur 29 Exemplaren, wird, was keinen überrascht, zum teuersten Einzelstück. Doch mit einem Rekordpreis von 9,4 Millionen Dollar sorgt er für Erstaunen sogar unter den Auktionsprofis. Auch mit den 4,1 Millionen Dollar für Caracciolas Mercedes 500K oder den 3,3 Millionen Dollar für den Horch 855 Spezial Roadster von 1939 hat niemand gerechnet. Am Ende erzielen sieben Autos siebenstellige Preise und Dutzende gehen für 100.000 Dollar oder mehr weg.

Dass nach dem letzten Zuschlag allein in der Live-Auktion irrwitzige 29 Millionen Dollar unter dem Summenstrich stehen, liegt nicht zuletzt an all dem Kleinkram, der eben auch viel Mist macht. Wenngleich sich mancher fragen wird, warum man für einen zerlegten Lamborghini Miura-Motor (Lot 140) 216 000 Dollar ausgibt, für ein kaum mehr zu erkennendes Reutter-Cabrio des Porsche 356 von 1961 (Lot 264) 13 440 Dollar, für vier heruntergekommene Ferrari-Sitze (Lot 170) 6 000 Dollar oder für die in Leder eingeschlagene Bedienungsanleitung eines Ferrari Dino (Lot 117) 3 600 Dollar.

Umgekehrt stellt sich natürlich auch die Frage, weshalb ein 1965er Bentley T1 Saloon (Lot 689) niemandem mehr wert war als elf Dollar, ob die fünf Mercedes-Motoren unter Lot-Nummer 405 nicht mehr als zwölf Dollar hätten bringen müssen und weshalb der letzte Bieter für den Alfa Romeo Montreal (Lot 758) den Zuschlag bereits für 34 Dollar bekommen hat. Mehr Kuriositäten gefällig? Das Wrack eines Mercedes 600 von 1969 ging für 90 Dollar weg, vier 16-Zoll-Felgen eines Porsche 928 (Lot 474) für 132 Dollar, ein Dutzend Blaupunkt- und Becker-Radios (Lot 509) für 312 Dollar, ein 1985er Porsche Targa (Lot 700) für 320 Dollar und ein sogar noch wiederzuerkennender Mercedes 450 SEL 6.9 von 1977 (Lot 663) für gerade einmal 347 Dollar.

Verstehen muss man das nicht.

Sold! Auch wenn die Fachleute von RM Sotheby's reichlich Erfahrung mit Hochkarätern mitbringen: Eine solche Auktion erleben auch sie nicht alle Tage.

Einer, der sich solche Fragen schon lange nicht mehr stellt, ist Projektleiter Olson. Genauso wenig wagt er vorherzusagen, wie viele von den 200 Autos jemals wieder fahren werden und, wenn ja, welche das dann sein werden. Wirtschaftlich lässt sich wahrscheinlich kaum eines dieser Wracks wieder reparieren – egal wie viel es nachher wert ist, schätzt der Experte: „Aber Leidenschaft kann man ja Gott sei Dank nicht berechnen und auch nicht mit Geld aufwiegen." Selbst wenn die Klein Collection für Olson und seine Chefs bei RM Sotheby's zuallererst ein großes Geschäft ist. Trotzdem hegen sie natürlich Hoffnungen. „Es ist", so sagt es Olson, „eine wunderbare Vorstellung, einige der Rostlauben und Wracks vielleicht schon in ein paar Jahren in Pebble Beach oder auf einem anderen Concours zu sehen – und zwar im alten Glanz."

Während also die Garagen der Sammler wieder ein bisschen voller sind und den Autofans vielleicht bald ein paar Rostlauben in neuem Glanz begegnen werden, streichen Rudi Kleins Söhne ein hübsches Sümmchen ein. Selbst unter der Gewissheit, dass sich RM Sotheby's die Arbeit nicht schlecht bezahlen lassen hat.

Und: Der nächste Geldregen steht noch bevor. Kleins Söhne besitzen ja noch das Grundstück. Schenkt man dem Glauben, was in Los Angeles gemunkelt wird, steht die windige Ecke fünf Meilen südlich des Flughafens vor einem Aufschwung. Das Areal könnt schnell noch einmal Millionen bringen, vielleicht sogar mehr wert sein als die Goldtimer, die darauf geparkt waren. Noch ist nicht aller Schrott weggeschafft. Aber der Tag wird kommen. Dann wird von Rudi Kleins Schrottplatz nur noch die Erinnerung bleiben. Welch eine sagenhafte Geschichte.

„ALLES GEHT, ALLES KOMMT ZURÜCK; EWIG ROLLT DAS RAD DES SEINS. ALLES STIRBT, ALLES BLÜHT WIEDER AUF, EWIG LÄUFT DAS JAHR DES SEINS."

Friedrich Nietzsche, *Also sprach Zarathustra*

Bildquellen
Fotos: Holger Appel und Thomas Geiger, mit Ausnahme von:
S. 14: Dieter Rebmann Fotografie;
S. 26/27: Getty Images/CBS Photo Archive;
S. 28/29: Getty Images/Bettmann;
S. 30: Getty Images/Ernst Haas;
S. 32: Archiv Rudi Klein;
S. 33, 68–73, 92–95, 106-109, 144, 146–157, 161, 163, 165, 169: RM Sotheby's;
S. 140/141, 142, 145: Audi Tradition

Bibliografische Information der Deutschen Nationalbibliothek
Die Deutsche Nationalbibliothek verzeichnet diese Publikation in der Deutschen Nationalbibliografie; detaillierte bibliografische Daten sind im Internet über http://dnb.dnb.de abrufbar.

1. Auflage
ISBN 978-3-667-13206-2
© Delius Klasing Verlag GmbH, Bielefeld

Text: Frank-Holger Appel, Thomas Geiger
Schutzumschlaggestaltung, Layout und Lithografie: Jörg Weusthoff, Weusthoff & Reiche Design, Hamburg
Druck: Print Consult GmbH, München
Printed in Czech Republic 2026

Alle Rechte vorbehalten! Ohne ausdrückliche Erlaubnis des Verlages darf das Werk weder komplett noch teilweise reproduziert, übertragen oder kopiert werden, wie z. B. manuell oder mithilfe elektronischer und mechanischer Systeme inklusive Fotokopieren, Bandaufzeichnung und Datenspeicherung.

Delius Klasing Verlag GmbH, Siekerwall 21, D - 33602 Bielefeld
Tel.: 0521/559-0
E-Mail: info@delius-klasing.de
www.delius-klasing.de

FSC
www.fsc.org
MIX
Papier | Fördert gute Waldnutzung
FSC® C106855